大连古建筑测绘十书

三清观

周　荃　王　丹　李皓男　著

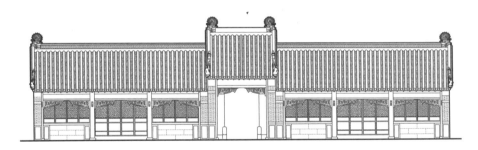

中国建筑既是延续了两千余年的一种工程技术，本身已造成一个艺术系统，许多建筑物便是我们文化的表现、艺术的大宗遗产。

—— 梁思成

江苏凤凰科学技术出版社

图书在版编目（CIP）数据

大连古建筑测绘十书. 三清观 / 王丹主编 ；周荃，
王丹，李皓男著. -- 南京：江苏凤凰科学技术出版社，
2016.5
　　ISBN 978-7-5537-6239-5

　　Ⅰ．①大… Ⅱ．①王… ②周… ③李… Ⅲ．①道教－
寺庙－古建筑－建筑测量－大连市－图集 Ⅳ.
①TU198-64

中国版本图书馆CIP数据核字(2016)第058350号

大连古建筑测绘十书

三清观

著　　　者	周荃　王丹　李皓男	
项目策划	凤凰空间/郑亚男　张群	
责任编辑	刘屹立	
特约编辑	张群　李皓男　周舟　丁兴	

出版发行	凤凰出版传媒股份有限公司
	江苏凤凰科学技术出版社
出版社网址	南京市湖南路1号A楼，邮编：210009
出版社网址	http://www.pspress.cn
总经销	天津凤凰空间文化传媒有限公司
总经销网址	http://www.ifengspace.cn
经　　　销	全国新华书店
印　　　刷	北京盛通印刷股份有限公司

开　　　本	965 mm×1270 mm 1／16
印　　　张	5
字　　　数	40 000
版　　　次	2016年5月第1版
印　　　次	2023年3月第2次印刷

标 准 书 号	ISBN 978-7-5537-6239-5
定　　　价	88.80元

图书如有印装质量问题，可随时向销售部调换（电话：022-87893668）。

图书总序

我在大连理工大学建筑与艺术学院兼职数年，看到建筑系一群年轻教师在胡文荟教授的带领下，对中国传统建筑文化研究热情高涨，奋力前行，很是令人感动。去年，我欣喜地看到了他们研究团队对辽南古建筑研究的成果，深感欣慰的同时，觉得很有必要向大家介绍一下他们的工作并谈一下我的看法。

这套丛书通过对辽南10余处古建筑的测绘、分析与解读，从一个侧面传达了我国不同地域传统建筑文化的传承与演进的独有的特色，以及我国传统文化在建筑中的体现与价值。

中国古代建筑具有悠久的历史传统和光辉的成就，无论是在庙宇、宫室、民居建筑及园林，还是在建筑空间、艺术处理与材料结构的等方面，都对人类有着卓越的创造与贡献，形成了有别于西方建筑的特殊风貌，在人类建筑史上占有重要的地位。

自近代以来，中国文化开始了艰难的转变过程。从传统社会向现代社会的转变，也是首先从文化的转变开始的。如果说中国传统文化的历史脉络和演变轨迹较为清晰的话，那么，近代以来的转变就似乎显得非常复杂。在近代以前，中国和西方的城市及建筑无疑遵循着不同的发展道路，不仅形成了各自的文化制式，而且也形成了各自的城市和建筑风格。

近代以来，随着西方列强的侵入以及建筑文化的深入影响，开始对中国产生日益强大的影响。长期以来，认为西方城市建筑是正统历史传统，东方建筑是非正统历史传统这一"西方中心说"的观点存在于世界建筑史研究领域中。在弗莱彻尔的《比较建筑史》上印有一幅插图——"建筑之树"，罗马、希腊、罗蔓式是树的中心主干，欧美一些国家哥特式建筑、文艺复兴建筑和近代建筑是上端的6根主分枝。而摆在下面一些纤弱的幼枝是印度、墨西哥、埃及、亚述及中国等，极为形象地表达了作者的建筑"西方中心说"思想。今天，建筑文化的特质与地域性越发引起人们的重视。中国的城市与建筑无论古代还是近代与当代，都被认为是在特定的环境空间中产生的文化现象，其复杂性、丰富性以及特殊意义和价值已经令所有研究者无法回避了。

在理论层面上开拓一条中国建筑的发展之路就是对中国传统建筑文化的研究。

建筑文化应该是批判与实践并重的，因为它不局限于解释各种建筑文化现象，而是要为建筑文化的发展提供价值导向。要提供价值选向，先要做出正确的价值评判，所以必须树立一种正确的价值观。这套丛书也是在此方面做出了相当的努力。当然得承认，传统文化可能是也一柄多刃剑。一方面，传统文化也可能成为一副沉重的十字架，限制我们的创造潜能；而另一面，任何传统文化都受历史的局限，都可能是糟粕与精华并存，即便是精华，也往往离不开具体的时空条件。与此同时又可以成为智慧的源泉，一座丰富的宝库，它扩大我们的思维，激发我们的想象。

中国传统文化博大精深，建筑文化更是同样。这套书的核心在如下三个方面论述：具体层面的，传统建筑中古典美的斗拱、屋顶、柱廊的造型特征，书画、诗文与工艺结合的装修形式，以及装饰纹样、各式门窗菱格，等等。宏观层面的，"天人合一"的自然观和注重环境效应的"风水相地"思想，阴阳对立、有无互动的哲学思维和"身、心、气"合一的养生观，等等。这期中蕴含着丰富的内涵、深邃的哲理和智慧。中观层面的，庭院式布局的空间韵律，自然与建筑互补的场所感，诗情画意、充满人文精神的造园艺术，形、数、画、方位的表象

与隐喻的象征手法。当然不论是哪个层面的研究，传统对现代的价值还需要我们在新建筑的创作中去发掘，去感知。

2007 年以来，这套丛书的作者们先后对位于大连市的城山山城、巍霸山城、卑沙山城附近范围的 10 余处古建进行了建筑测绘和研究工作，而后汇集成书。这套大连古建筑丛书主要以照片、测绘图纸、建筑画和文字为主，并辅以视频光盘，首批先介绍大连地区的 10 余处古建，让大家在为数不多的辽南古建筑中感受到不同的特色与韵味。

希望他们的工作能给中国的古建筑研究添砖加瓦，对中国传统建筑文化的发展有所裨益。

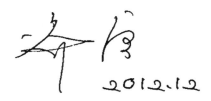

2012.12

前 言

可能是职业习惯使然吧，平时就对古建筑有一种特殊的感情。恰逢大连理工大学建筑与艺术学院建筑系准备出版专门介绍大连古建筑的丛书——《大连古建筑测绘十书》，我有幸成为其写作团队中的一员，通过自己的视角去观察、接触和体验，为大家介绍散发着古朴淡雅气息的城子坦三清观。

对于包括我在内的大多数人来说，城子坦三清观是一个非常陌生的名词。但是，当我第一次来到城子坦三清观时，就被其纯朴、内敛的内在气质深深吸引了。我毫不犹豫地按动着手中相机的快门，从各个角度捕捉着城子坦三清观的迷人风采。在无法拍照的内殿，我只能用笔记录其建筑布局特点、主体构架形式、大木作梁架结构、小木作装修细部等内容。回去以后，通过查阅为数甚少的相关资料，结合自己带回来的现场资料，完成了介绍城子坦三清观的文字初稿。

随后，在翻阅学校老师和学生在实地测绘中拍摄的精美照片、绘制的图纸资料时，城子坦三清观的古建筑之美再次淋漓尽致地展现在我的面前，同时也让我认识到，初稿中表述不够详尽和确切的地方实在不少。于是，又开始了一遍遍的修改，直到自己大致接受为止。

在这样一个不断熟悉和深入认识的过程中，我对于城子坦三清观的特殊感情也慢慢地培养了起来。特别是每当回想起站在城子坦三清观门外，回望周边不断出现的新建小区建筑的场景，让我越发感到保护和传承这座辽南大地上为数不多的道教建筑的责任和义务所在。通过这样的古建筑丛书，以及在今后的课堂教学中有意识地对大连当地古建筑的介绍，相信一定会为留住大连的传统建筑之美和传承好大连的传统建筑文化起到积极和有效的推动作用。这也是写作这本书的目的所在。

最后，要感谢胡文荟老师和各位参与讨论的老师在成书过程中提出的诸多宝贵意见，感谢王丹老师为出书成册提供的大力支持，感谢所有为保护和传承大连古建筑默默无闻地做出实际贡献的人。正是有了这样的努力，我们才会有信心有理由期待大连古建筑再现风采，为建立中华民族的文化自信贡献力量！

目 录

百年鱼市春满街，千年古镇归服堡

城子坦镇位于普兰店市城区东部碧流河与吊桥河的交汇处，距碧流河入海口约8公里。城子坦镇东临碧流河，南望黄海，西临皮口镇，北与星台镇和墨盘乡相接，地处交通要道，丹大高速、鹤大公路，均经过该镇。

三清观毗邻城子坦镇的春满街。春满街北面有一片海滩，往前不远处就是碧流河汇入黄海的入海口，涨潮时，这里流动的是海水，退潮时就是河水。春满街（图1）旧称鱼市街，是一条融合着辽南和胶东传统民居特点的老街，至今仍保留着清末民初当地民居的建筑风格与空间布局，是辽宁地区目前保存最为完好，具有鲜明的历史特色、浓郁的文化风情和较高的艺术价值的街区。

城子坦三清观始建于明万历年间，距今已有400多年的历史，因观内主祀道教三位至高尊神：玉清——元始天尊、上清——灵宝天尊、太清——道德天尊，故名三清观。与辽南地区众多寺庙道观一样，城子坦三清观是集佛、道、儒三教为一体的综合性宗教场所。

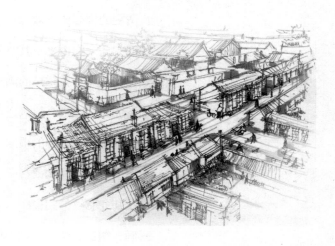

图1 春满街

城子坦原名为"归服堡"，据传是1300多年前唐太宗李世民东征高句丽的时候命名的。明永乐二十年（1422年），朝廷为防御倭寇在该地修城筑墙，并将一块长约0.6米、宽约0.6米、刻着"归服堡"字样的石匾高悬于城门之上。该石匾于1936年移至三清观中，成为三清观的"镇观之宝"（图2）。因历史悠久且保存完好，这块古石匾于新中国建立之初就被列为市级文物。可以说，这块古石匾默默地见证了城子坦的千年兴衰。

城子坦是一座充满历史感的千年古镇，饱含着辽南地区历史文化的积淀。大连地区流传着"先有城子坦，后有青泥洼"的说法。镇上考古发现的历史文化遗存表明，这里早在六七千年前就有先民繁衍生息。2007年12月，城子坦镇获得大连市历史文化名镇的称号；2010年9月，被辽宁省政府命名为辽宁省历史文化名镇，继瓦房店复州城之后成为大连第二座省级历史文化名镇。目前城子坦镇正在着手申报国家级历史文化名镇的称号。

城子坦三清观饱经历史沧桑，在经历了明清两朝的战乱以及新中国建立前的战火洗礼后，一度已经面目全非，其间又几度重修。民国二十五年（1936年），由城子坦商会住持募得3万银圆，翻新扩建，建有三进七个殿堂，塑有107尊神像。"文化大革命"时，三清观被改建为校舍。1994年6月，当地民众近万人捐资100多万元，再修三清观，重塑神像金身。1998年，城子坦三清观被列为普兰店市文物保护单位；2001年被列为大连市文物保护单位；2002年1月被大连市人民政府定为大连市第一批重点保护建筑物。

图2 三清观归服堡千年古石匾历史照片

三清观的佛儒道三教合一

道教是起源于中国民间的本土宗教，尊老子为教主，奉老子的哲学思想为教义，借《道德经》和《南华经》为其经典。一般认为是在东汉张道陵（即张天师）创立"五斗米道"后道教才算正式形成。 魏晋时期，由于道教通过改革和完善其理论体系，迎合了皇权对人民进行精神统治的需求，受到统治者的垂青，道教逐渐从荒山野岭走进平原城镇，原本是宫廷建筑的"宫"和"观"也成为道教建筑的名称。至唐朝，老子被封尊号为"太上玄元皇帝"，俗称"太上老君"，与佛祖释迦牟尼比肩齐名。宋朝更重道教，宋真宗时，各主要祠庙都是道观。到了金朝和元朝，道教建筑遍布全国，达到鼎盛时期。

由于明末清初时期道教在统治阶层心中的地位已经开始下降，失去扶持的道教开始向东北、新疆、内蒙古等原先影响很小的边疆偏远地区发展。为了扩大道教的影响，挽救道教日益衰落的不利局面，庙观供奉神位的综合化与个人信仰的多元化开始作为一个显著的特征，越来越多地出现在这个时期所建的宫观建筑中。民间普遍崇拜的玉皇大帝、菩萨、关圣、财神、门神、灶神、寿星等，日渐增多地出现在庙观殿宇之中。这样一来，通过满足广大民众多种信仰的需要，便于募得八方香火，大大地增强

了道观的生存能力。同时，由于明清之后各宗派逐渐减弱了各自的主体性，道儒释三教合流的趋向也越发明显。佛、道及民间信仰中的诸多神灵经常被供奉于同庙或同殿之中。有时正殿供佛，配殿供道；有时正殿供道，配殿供佛，这样庙观多用或者兼用的现象也越来越常见，以至于有时让人无法分清这座建筑到底是佛教的寺院还是道教的宫观，那些信徒是纯粹的佛教徒还是道教徒。总而言之，道教的宗教观念逐渐以世俗化的形式与儒佛通俗说教、民间传统信仰融合为一体。这样使得具有多神崇拜的道教在一度走向衰败之后在民间又重获一线生机。

在清朝前期的时候，大连乃至东北地区基本上还是以佛教、道教及萨满教为主要宗教，佛教和道教自不必说，长期的发展和推广为其扎根于民间打下了坚实的基础。与明代以前比较，随着来自于内地的人口不断增加，佛教和道教在大连的势力有了更大的扩展。据《大连市志·宗教志》记载，自唐代至民国以来修建的主要道教宫观共计有348座，其中属于清代前期、中期兴建的有181座，占52%，这个数据可以反映出当时道教在大连的发展状况。萨满教起源较早，信奉万物有灵，崇拜对象极为广泛，却没有成文的经典和特定的创始人，也没有统

一的宗教组织、规范化的宗教仪礼和固定的活动场所，因此虽然信徒不少，却成不了大气候。伊斯兰教在东北的分布虽然以辽南地区为主，但是信徒相对较少，也形成不了较大的影响。可以说，由于大连地区或者说辽南地区当时比较特殊的社会状况及自然地理环境，在宗教上也是处在一种八方杂处、信仰各异的状态。

在分布范围上，道教与佛教也同样"你中有我，我中有你"，并没有明确的势力范围区分。因此道观的分布也比较分散。而在道教放下身段，从名山大川的福地洞天走下来深入乡村城镇之后，道教信徒的增加又有力地推动了道观在数量上的增加。据统计，大连地区各村各屯修建的龙王庙、娘娘庙、天后宫、妈祖庙等与沿海居民生产生活密切相关的小型宫观庙宇就有40多座。

三清观在其空间布局上，除了十分鲜明地继承了当地传统的建筑思想、建筑格局和建筑方法外，还深刻地体现了道家与道教的审美思想和价值观念，形成了独具特色的建筑风格。三清观门窗一角艺术创作见图3。

由于道教各派所信仰的神仙既多且杂，为了便于道教的传播，道教效仿佛教的"三身"说，把各派的最高神糅合在一起组成"三清"加以祭奉，三清所在的殿也往往会成为道观中的主殿。如同其他道教建筑一样，三清观也把三清殿放在重要的位置；不同的是，三清观把财神殿也作为主殿与三清殿并排而建，可见三清观的宗教文化对世俗文化的妥协。同时，在道教"人法地，地法天，天法道，道法自然"的基本思想的影响下，崇尚自然、顺应自然与回归自然成为三清观在建筑上的必然追求。三清观的平面布局并没有按照大多数宫观建筑那样严格进行等级之分，并不强求整体布局方正严谨，而是结合地势，顺应环境，和谐地与周围的民居融为一体，在一定程度上体现道教井井有条的传统理性精神，同时也把道教文化中追求平稳、随和、安静的审美心理体现得淋漓尽致。

图3 三清观门窗一角艺术创作

三清观庙会的由来及其空间布局

庙会在《辞海》中是这样定义的："庙会亦称'庙市'，中国的市集形式之一，唐代已经存在，在寺庙节日或规定日期举行，一般设在寺庙内或其附近，故称'庙会'。"庙会是孕育诞生于古代严肃的宗庙祭祀和社祭及民间的信仰中。汉、唐、宋时期，随着佛、道两教的兴起，寺庙和宫观得以大量修建，为吸引更多的信徒入教，丰富多彩和世俗化的娱乐形式开始与宗教信仰有机地结合起来。而随着明清时期经济的发展，庙会通过与集市交易融为一体，进一步完善了其商贸功能，成为人们敬祀神灵、交流感情和贸易往来的综合性社会活动，同时也成为人们经济生活、精神生活和文化生活的重要组成部分。

三清观门前有一块较大的广场型方形空间，每年农历四月二十八庙会的时候，这里就会举办腰鼓表演等各种公众娱乐活动。而一些小吃摊或杂货摊则沿着三清观东侧的街道绵延摆开，形成一种线形空间。广场型方形空间与线形空间的有机结合，使得庙会本身具有的宗教性、娱乐性、商贸性都得到了充分发挥，方便了香客、商家、游人各得所需，可以说是庙会文化与建筑空间互相影响下的理想组合（图4）。

得天独厚的历史条件和人文环境使得城子坦三清观长期以来一直香火不断，信徒云集。每年农历四月二十八的传统庙会，就在城子坦三清观门外举办，要连续热闹上几天。庙会期间，方圆百里的香客纷至沓来，呈现出一派熙熙攘攘繁华热闹的景象。来城子坦三清观祈福是一方面，吸引人的还有道观外长街上星罗棋布的摊点和琳琅满目的商品，以及庙会期间当地群众自发组织的秧歌队、花鼓队、高跷队、舞狮队的表演。近年来，随着城子坦三清观庙会知名度的不断提高，不少外地文艺团体也来此搭台献艺，进行杂技和歌舞表演。可以说，城子坦三清观庙会已经成为城子坦镇对外的一张闪亮的特色名片。

图 4 三清观前广场庙会景象

索伦杆与狮子头门环的满族文化

三清观门前矗立着两根高高的杆子，这就是具有浓厚满族特色的索伦杆（图5、图6）。传说爱新觉罗氏家族的先祖被仇家追杀，无路可逃时被天空突然飞来的一群乌鸦覆盖其全身，因而未被仇家发现侥幸脱逃。因其大难不死，爱新觉罗氏家族才得以繁衍，发展以至成就霸业。后世子孙为了不忘记乌鸦救祖之恩，皇家祭神之后还要祭乌鸦神，谓之"祭天"。一般是将猪下水等切碎，拌以碎米放在索伦杆上的锡斗内，以飨乌鸦。三清观门前的这两根索伦杆，很好地拉近了当地满族居民在心理上对三清观的认同感。

图5 三清观一洞天前索伦杆

三清观侧面垂花门上的铜铺首狮头门环值得一提（图7）。除了门环本身为狮首，门环侧上方还各有一个张嘴作怒吼状的大型无环铜狮首。大型无环铜狮首用的是写实的手法精心雕刻而成，非常逼真，配以古色古香的朱漆大门，在简练之中增添了精致感，在素雅之中体现了威慑力。其实狮子本是佛教中常见的动物形象，狮子作吼，群兽慑服，寓意勇猛威严，在寺院中又有护法之意，寓示佛法威力。但是在三清观内外却能在石刻、雕像甚至铺首等多处见到，这在道观建筑中应该还是不多见的。这也许可以从一个侧面反映出，当时释道儒三教合一对三清观所带来的影响。另一方面可能也是辽南民居的建筑风格带来的影响。毕竟在辽南特别是一些满族民居中，铜铺首狮头门环或狮首上马石等也是比较常见的。

图 6 三清观一洞天前索伦杆艺术创作

图 7 三清观垂花门上铜铺首狮子头门环

临街而建的三进合院式道观

在"道法自然"思想的影响下，道观往往选址于清幽静谧的山野中，不是居于山巅绝顶就是隐于林泉之间。而城子坦三清观选址市镇之内，且临街而建，某种程度上可谓"非常规性选址"。三清观总平面测绘图见图8。

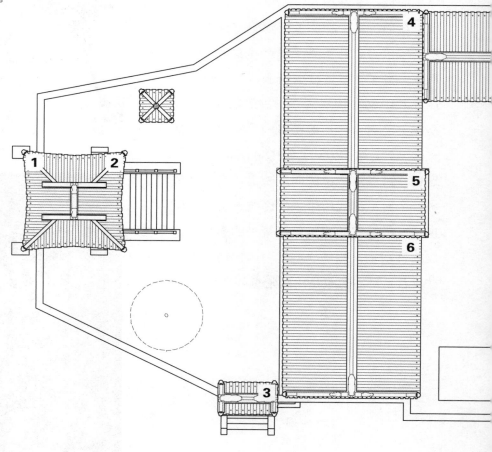

1. 一洞天山门
2. 观音殿
3. 垂花门
4. 药王殿
5. 道义之门
6. 文昌殿
7. 客房
8. 三清殿
9. 财神殿
10. 客房
11. 娘娘殿
12. 玉皇殿

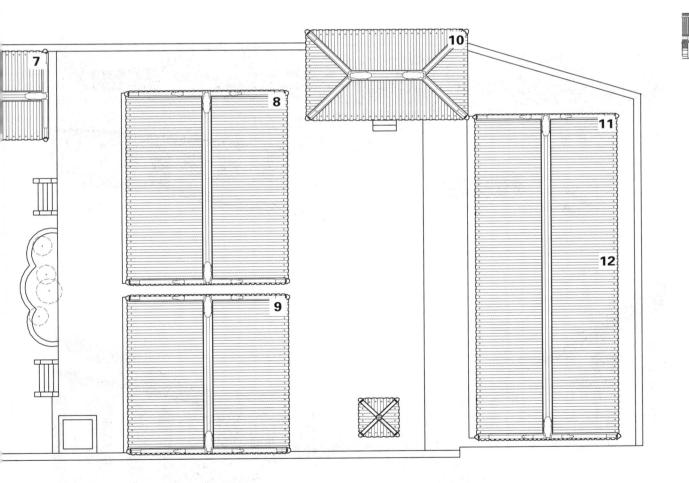

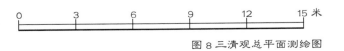

0 3 6 9 12 15 米

图 8 三清观总平面测绘图

道观占地面积约 1400 平方米，建筑面积约为 600 平方米。道观整体形制规模并不算小，在道观建筑中属于中等规模（图9）。在布局上，城子坦三清观继承了传统道观建筑顺应自然的手法，在相对狭小的范围内充分利用地形地势的特点，同时吸收了佛、儒和当地民居等各类建筑的特色，以传统院落式为基本构成单元。三清观外春满街街景见图 10。城子坦三清观依地势而建，坐北朝南，为三进合院式建筑群体，前院有一株古槐（图11、图 12）。

图 9 三清观鸟瞰全景

图 10 三清观外春满街街景

图 11 三清观古槐树艺术创作

图 12　从三清观前广场眺望前院古槐

三清观山门为两层楼阁式建筑，面阔一间，单檐歇山顶。下层为石制门洞，红漆木门，上层砖砌，内嵌匾额，上书"一洞天"三个烫金大字（图13）。山门两侧各设有一座石狮，雄健威武。推门而入是低矮幽暗的门洞，面前是一段石阶。石阶的设置，一方面巧妙地化解了山门内外地势的高差，另一方面通过一种由暗至明，由低到高，由窄至宽的引导，营造出层层递进、逐渐展开的空间序列效果。

·倒座歇山顶观音殿

沿八级台阶拾级而上，便由喧嚣的街市进入了清雅的道观。转身回望，会发现山门之上竟兀立着一座小巧精致的倒座小殿——观音殿（图14）。三清观观音殿平面测绘图见图15。

图13 三清观前广场看向一洞天

图 14 从三清观一角看向倒座观音殿

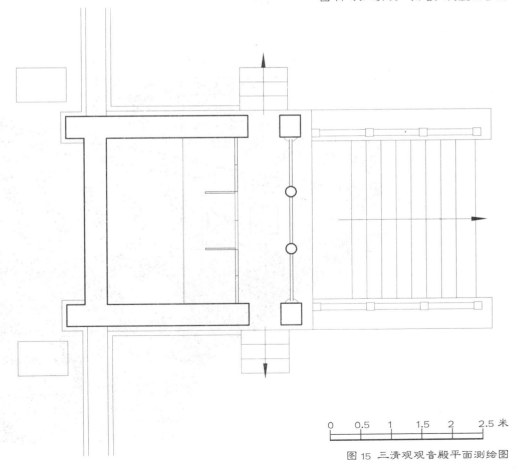

0　　0.5　　1　　1.5　　2　　2.5 米

图 15 三清观观音殿平面测绘图

观音殿是三清观中最小的单体建筑，面阔与进深均为一间，但其建筑做法和造型却最为丰富和独特。观音殿的一大特色就是它的歇山式屋顶（图16）。歇山式屋顶是由四条垂脊和四条戗脊组成的。与硬山式屋顶和悬山式屋顶相比，歇山式屋顶的建筑等级较高，造型上也更富于变化。因为观音殿是倒座形式，它的正面下方是山门，背面增加两根立柱，变为三开间，并且前面还加了一个外廊，丰富了造型和空间形式。

说起倒座观音殿，江苏宿迁城内的观音堂也是坐南朝北的倒座形式，堂内的观音菩萨也是背南面北。宿迁的观音倒座据传是因为明代某时期黄河泛滥水淹县城，县城北迁导致庙内香客稀少。为改变困境，住持采纳贤人建议，将观音堂改为倒座形式，并在堂侧贴楹联一副，"问观音为何倒坐，因众生不肯回首"。语意双关，既道出了观音倒座的原因，又寓有"苦海无边，回头是岸"的佛家深意。观音殿的立面和剖面测绘图见图17、图18，彩色渲染图见图19。

图 16　三清观倒座观音殿歇山顶

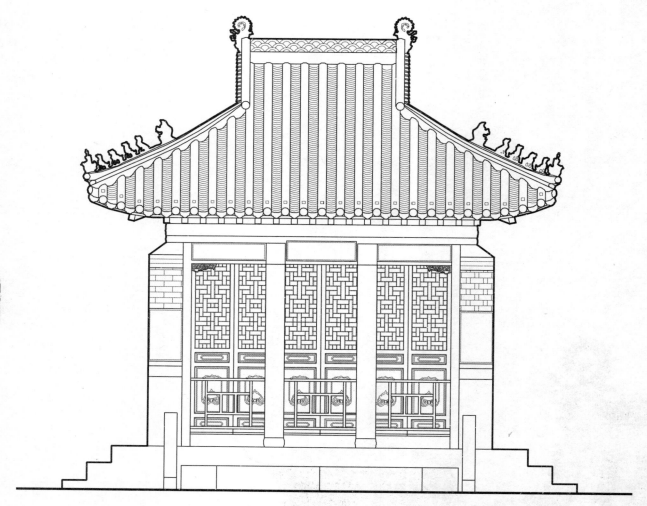

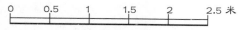

图 17 三清观观音殿北立面测绘图

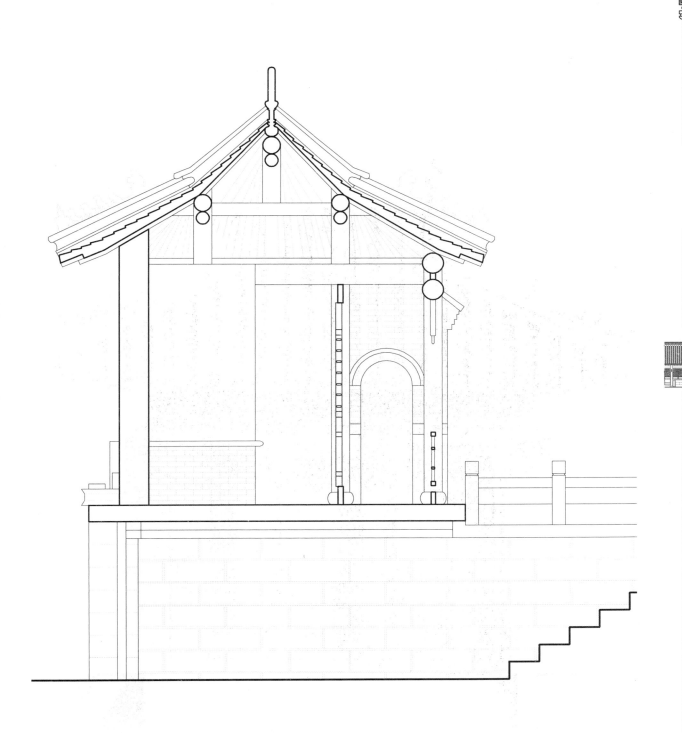

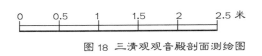

0   0.5   1   1.5   2   2.5 米

图 18 三清观观音殿剖面测绘图

图 19 三清观观音殿彩色渲染图

·连接文昌殿和药王殿的道义之门

步入第一进院落后，眼前豁然开朗。院内正中设一门，上书"道义之门"。门的东西两侧各有一殿，东为文昌殿，西为药王殿。三清观药王殿、道义之门、文昌殿平面测绘图见图20。文昌殿主要供奉的是文昌帝君、孔子、孟子。文昌帝君为民间和道教尊奉的掌管士人功名禄位之神。文昌本星名，亦称文曲星，是主管文运功名的星宿。道教有对圣贤崇拜的承袭，所以奉祀儒家的孔孟二圣。药王殿也称药师殿，供奉"东方三圣"。主供东方净琉璃世界药师佛，左右胁侍为日光、月光两菩萨。药师如来，能除生死之病，故名药师，是东方净琉璃世界的教主，在东方净土化导众生。一座道观之内既奉儒家"至圣、亚圣"又尊释教"东方三圣"，体现了城子坦三清观集释、道、儒三教为一体的综合性宗教场所的特点。我们对三清观药王殿、道义之门、文昌殿进行了摄影和测绘（图21～图26）。

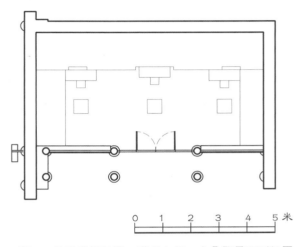

0 1 2 3 4 5 米

图 20 三清观药王殿、道义之门、文昌殿平面测绘图

图 21 从三清观第一进院落看向药王店

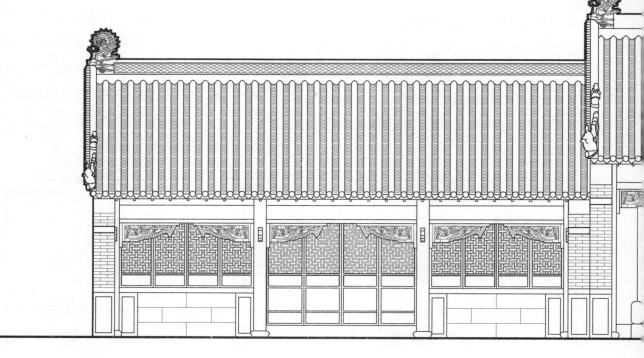

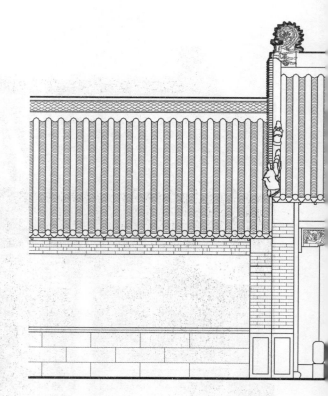

图22 站在第二进院落透过道义之门看向观音殿

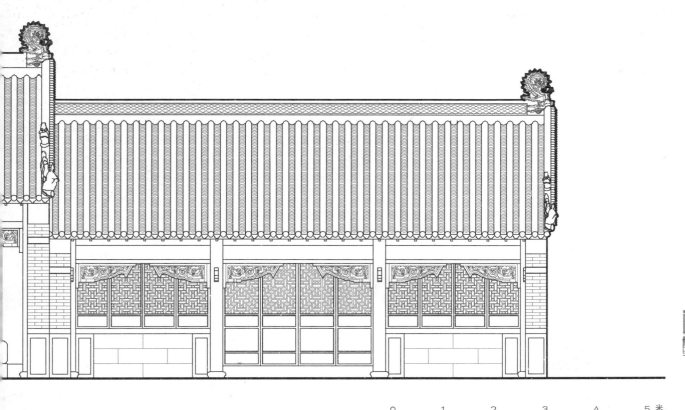

图 23 三清观药王殿、道义之门、文昌殿南立面测绘图

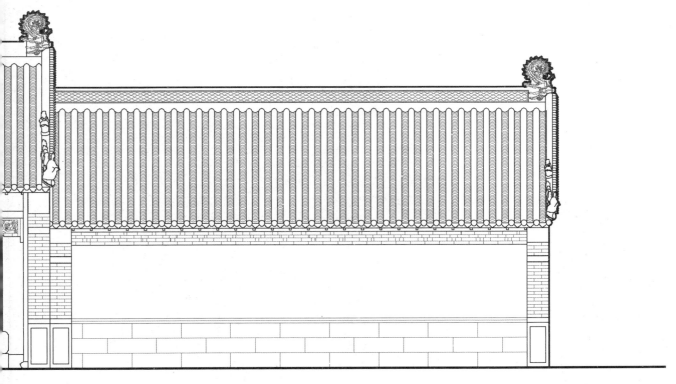

图 24 三清观药王殿、道义之门、文昌殿北立面测绘图

图 25　三清观文昌殿局部特写

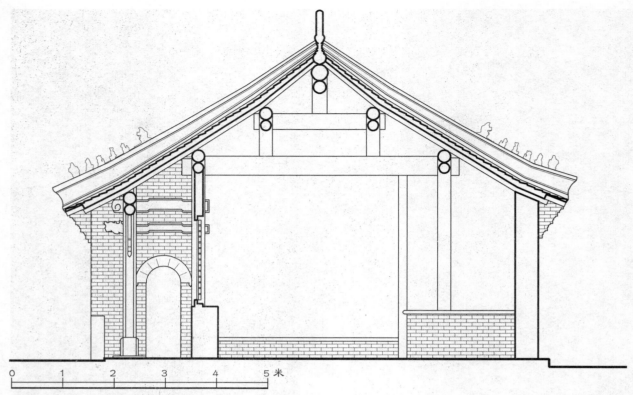

图 26 三清观药王殿、道义之门、文昌殿剖面测绘图

　　院落东侧有一棵高大的古槐树，枝叶繁茂，郁郁葱葱。据说这棵古槐栽种于三清观建成之前，在三清观被人为毁坏之后曾一度枯死，三清观重修后又奇迹般复活，成为当地人津津乐道的一段奇谈。现在这棵充满灵气的古树枝繁叶茂，欣欣向荣，成为三清观中一道独特的风景。每逢观门大开，广纳信众之日，道义之门前树影掩映，烟雾缭绕，让人颇有超脱尘俗之感。

·第一进院落东侧角落的垂花门

　　在院东侧角落处另辟一道垂花门与外界相通（图27）。垂花门也就是带有垂柱装饰的门，悬挂在门檐下两侧的门前檐柱一般只有短短的一节，下垂的柱头部一般被做成花瓣状或吊瓜状，因此被称为"垂花"。三清观的垂花门门柱非常简单，没有做成漂亮精美的垂花形状，而且柱子之间的额枋上也略去了精致的彩画。垂花门上方的梁柱等结构构件的做法虽然略显粗犷，但是良好的比例使其在简洁朴实的红漆灰瓦的衬托下更具有民居的亲切之感（图28）。

　　第一进院落中的建筑虽然规模都不大，但形态各异，布局灵活，并且院落中的古槐树和香炉一高一矮，错落有致，相映成趣。中国传统庭院布局之精巧由此可见一斑。

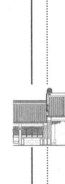

图 27 三清观前广场垂花门

图 28 三清观前广场垂花门垂柱及"紫气东来"题字

·**无严格轴线的三清殿和财神殿**

穿过道义之门，进入第二进院落（图29～图31）。中院主殿为三清殿和财神殿，两殿并列，中间留有一条宽窄仅能通一人的过道。两殿规模形制大致相近，但殿内神像的供奉格局不同，细部装饰亦有差别。财神殿内供奉的主神是关公，财神比干与火德星君则分别居于两侧偏殿。这样的布局可能与关公在民间信仰中格外崇高的地位有关。民间普遍认为关公能司命禄、佑选举、治病除灾、驱邪避魔、招宝进财、护佑商贾，无所不能。所以也有许多地方奉关羽为财神，或称"武财神"。三清观中，把关公、比干、赵公明以及招宝、纳珍、招财、利市四路财神都供奉于同一殿中，如此供奉方式实属少见，这和明清时期辽南地区八方杂处的历史背景不无关系。当时辽南地区经济繁荣，为了便于来自五湖四海的商贾拜祭财神，三清观将各地的财神供于一殿虔诚奉祀，由此形成了这种独特的信仰形式和民俗文化。

图 29 三清观道义之门看向三清殿艺术创作

图 30 三清观第二进院落广场

图 31 从三清观第二进院落看向财神殿

大概是由于用地规模的限制，而且所要供奉的神灵众多，所以这组建筑后两进院落并未体现出严格的轴线，而以两座建筑并列的形式出现，形成其独特的布局方式。三清殿是这组建筑中建造最早的一座，它总面宽约为9.62米，通进深约为7米，体量巨大，彰显了三清殿在这一建筑组群中的地位。殿内上方高悬大匾，上书"道义至尊"。中间由左至右分别供奉着"太清道德天尊""玉清元始天尊"和"上清灵宝天尊"。此外还有"青龙、白虎、朱雀、玄武"以及"南极仙翁""太乙救苦天尊"的神像，分列在三

清老祖的两旁。其所在的中院是这组建筑的核心，庭院最为开阔，地面上有巨大的太极八卦图案（图32）。西侧配殿为后建，两坡硬山式屋顶，现为道士的起居之所。东侧有钟楼和木构碑亭以及石碑，亦为后人所建。两主殿均为三开间，灰瓦硬山屋顶，前出廊，殿前分设台阶，中设海棠形花池，仍属后建。三清殿的实景照片和测绘图见图33～图37。

图 32 三清观三清殿前太极八卦图

图 33 从三清观第二进院落看向三清殿

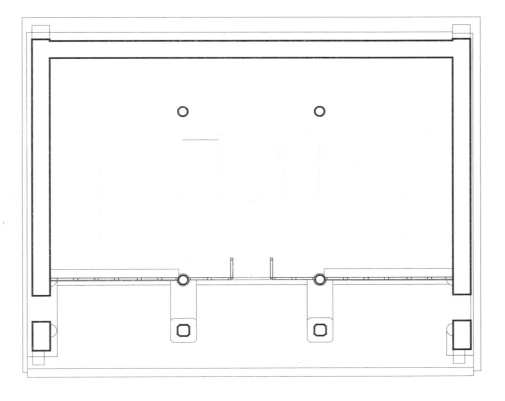

0   0.5   1   1.5   2   2.5 米

图 34 三清观三清殿平面测绘图

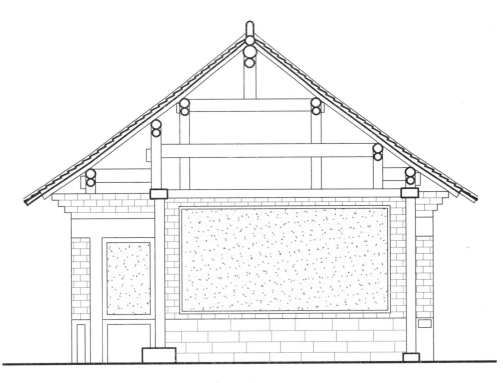

0   0.5   1   1.5   2   2.5 米

图 35 三清观三清殿剖面测绘图

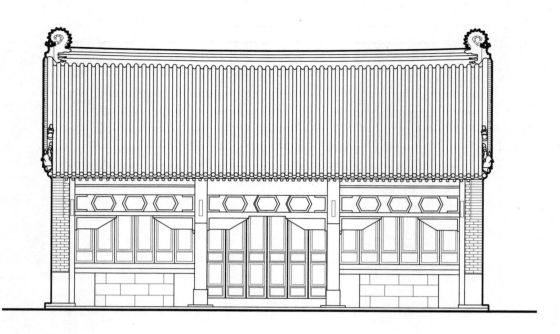

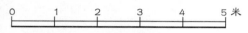

图 36 三清观三清殿南立面测绘图

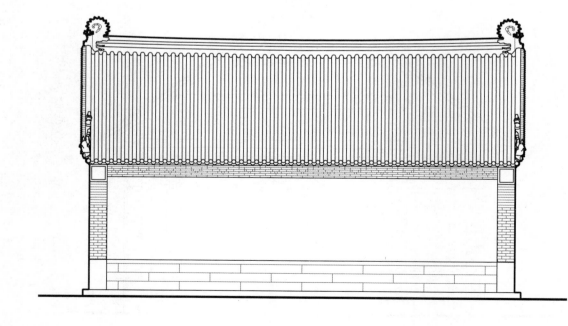

图 37 三清观三清殿北立面测绘图

·屋顶连为一体的娘娘殿和玉皇殿

经过三清殿和财神殿之间的狭窄过道（图38）可进入第三进院落。空间在此又一次经过收缩和放大后，让本来不大的后院，顿时显得宽阔起来。第三进院落中的娘娘殿和玉皇殿又重复了第一进院落的并排设置做法。两座三开间的殿宇既分又合，屋顶连为一体，作为该建筑组群的结束（图39）。三清观娘娘殿和玉皇殿的测绘图见图40、图41。三清观焚烧炉艺术创作见图42。

图 38 三清观三清殿与财神殿的山墙间过道

图 39 三清观娘娘殿与玉皇殿屋顶连为一体

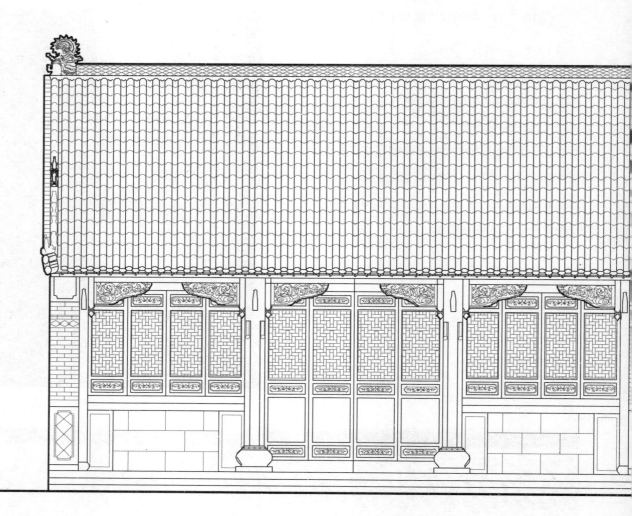

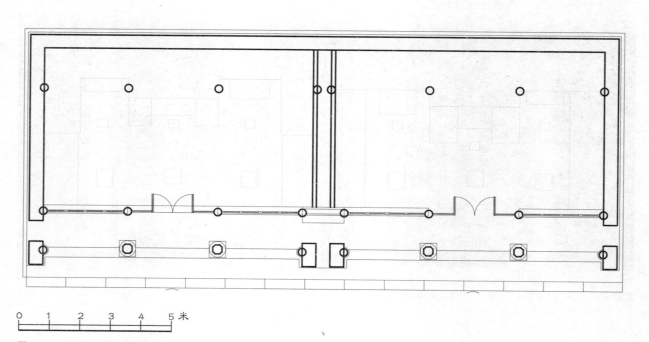

0 1 2 3 4 5 米

图 41 三清观娘娘殿玉皇殿平面测绘图

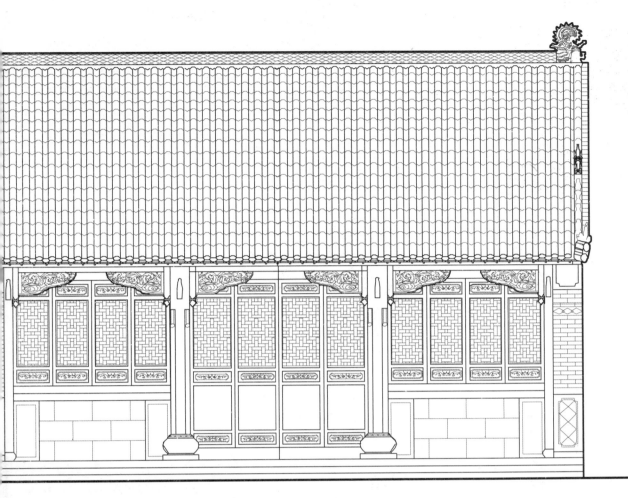

0　　　　1　　　　2　　　　3　　　　4　　　　5 米

图 40　三清观娘娘殿玉皇殿正立面测绘图

图 42 三清观焚烧炉艺术创作

歇山顶的山门和硬山顶的殿宇

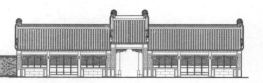

城子坦三清观多以面阔三间、进深三间、规模不大的单体建筑组合而成。这些单体建筑布局协调、小巧精致、古朴清雅，一定程度上反映了当时的风俗和信仰，同时也反映当地的社会文化与审美意识。屋顶往往是中国古建筑中最富有特色的组成部分，三清观也不例外。它的屋面采用灰色筒瓦，与周边的民居融为一体。除倒座观音殿采用歇山式屋顶外，其余主要大殿都采用硬山式屋顶（图43、图44）。硬山式屋顶也就是两侧山墙高出或与屋面齐平的屋顶形式，是由一条正脊和四条垂脊组成的。朴素的青瓦灰墙和简洁的硬山屋顶，不需要多么绚丽，清晰、简明就够了。

图 43 三清观一洞天歇山式屋顶

图 44 三清观三清殿与财神殿硬山式屋顶

椽子是屋面基层的最底层构件，垂直安放在檩木之上。望板是平铺在椽子上的木板，以承托屋面的苫背和瓦件，分为顺望板和横望板。三清观内建筑的椽子和望板皆漆为朱红色。每一层椽子的外端都绘有彩绘图案，多为常见的金色"卍"字，蓝色四瓣花，还有滴水宝珠。屋檐四角的枋木外端都装有一个造型精美的木制白象头装饰（图45）。白象为佛寺建筑中常见的装饰，三教合流后，被广泛应用在各种宗教建筑上。

图 45 三清观一洞天檐下白象头装饰

三清观的正脊，两端翘起，设置螭吻（图46～图48）。垂脊上有一些造型别致的动物形状的装饰件，这就是所谓的"脊兽"。垂脊的排头一般是设置"仙人骑凤"，其实这也是一个大型的帽钉，既具有装饰的效果，又有固定瓦片的作用。"仙人骑凤"的身后是一排"走兽"，走兽的数量是依建筑的大小和等级而定的，一般为9以内的单数。三清观屋顶却是四个蹲兽，最后面还有一个较大的兽头，便是"垂兽"（图49、图50）。垂兽，又称角兽，是中国古建筑垂脊上的兽件，是兽头形状，位于蹲兽之后，内有铁钉，作用是防止垂脊上的瓦件下滑，加固屋脊相交位置的结合部。

图46 三清观道义之门螭吻实景

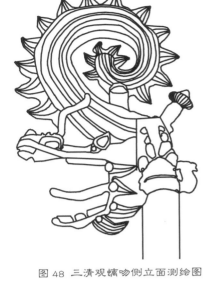

图 47　三清观道义之门螭吻正立面测绘图　　图 48　三清观螭吻侧立面测绘图

图 49　三清观一洞天屋脊走兽及垂兽

东北有句俗语叫"五脊六兽"。"五脊六兽"原指屋宇的一条正脊四条垂脊和装饰在屋脊末端的兽头形饰物，后来引申为像那些一动不动的屋脊和兽头形饰物那样整天无所事事的闲散样子。

屋瓦端部采用瓦当与滴水组合的形式（图51）。瓦当与筒瓦连在一起，起着保护木制飞檐的作用。滴水位于两个瓦当之间，它的作用为排去屋顶上的积水，使屋顶上的积水流到屋檐时顺着瓦头滴到地面，从而起到保护檐下

其他结构的作用。三清殿的瓦当的样式为圆形兽面纹，滴水上绘有菩提叶纹。瓦当和滴水上雕刻的各种纹样使其还具有美化屋面轮廓的装饰功能。

三清观的正脊上面用板瓦铺砌出鱼鳞纹图案。板瓦又称仰合瓦，就是看起来比较板、比较平整的瓦，它的横断面是小于半圆的弧形。板瓦和筒瓦不仅是用于覆盖屋顶的建筑材料，也是民居建筑中重要的装饰材料，整个屋脊装饰，显得轮廓清晰，生动精致。

图50 三清观观音殿屋脊走兽

图 51 三清观瓦当滴水与椽子

七檩前后廊式的构架

三清观中的单体建筑多由砖木结构建成，以砖墙和木构架承托屋顶荷载，砖砌山墙亦属围护结构，保温隔热。三清观建筑主体结构为抬梁式构架（图52）。这种构架方式适用于北方，整体结构坚实牢靠，同时其室内空间也较为宽敞，适合容纳众多高大的神像。在三清观的殿宇中，大多采用的是七檩前后廊式的构架。但是为了更大限度地扩大室内空间，后廊部分也被纳入室内。同时殿内上方采用的是"彻上露明造"，就是室内顶部不用天花或藻井，屋顶梁架完全暴露在人们的视野当中，这样也使得室内的空间显得更大一些，与高大的神像相得益彰。

图52 三清观道义之门大木作梁架实景

额枋又称檐枋（宋称阑额）（图53、图54），是中国传统建筑中的一种木构件，是连接檐柱与檐柱的横木，断面一般为矩形。有些额枋是上下两层重叠的，在上的称为大额枋，在下的称为小额枋。大额枋和小额枋之间夹垫板，称为由额垫板。三清观的大额枋上绘有金色双龙戏珠彩绘，小额枋上绘有蓝色连环"卍"字纹，营造出一种古朴而精致的韵味。

图 53 三清观三清殿额枋

图 54 三清观药王殿额枋

从正前方看，三清殿的枋柱之间可见一造型华丽精巧、呈不规则三角形的镂空木制构件——雀替。雀替是最具特色的中国古建筑构件之一，它是房屋檐柱与梁枋交接的一种过渡性构件。雀替可以缩短梁枋的净跨度，从而增强梁枋的荷载力；减少梁与柱相接处的向下剪力；防止横竖构材间角度的倾斜。三清殿的雀替上雕有龙鹿仙鹤麒麟等祥瑞图案，做工精致，栩栩如生。图55～图60为三清观雀替的测绘图和照片。

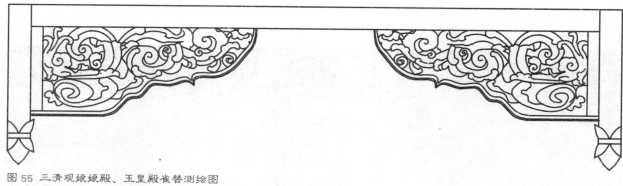

图 55 三清观娘娘殿、玉皇殿雀替测绘图

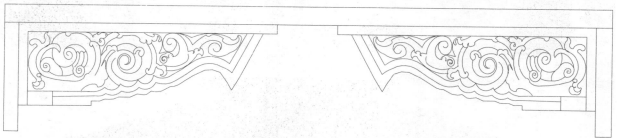

图 56 三清观药王殿、道义之门、文昌殿雀替测绘图

图 57 三清观雀替之一

图 58 三清观雀替之二

图 59 三清观雀替之三

图 60 三清观雀替之四

三清观主体建筑的山墙是硬山式屋顶建筑的重要组成部分。在各殿的两侧通常都会用砖石从下到上封砌起来，这两面侧墙就是我们常说的"山墙"，山墙主要起围合和保温作用。三清观的山墙砌筑大多因地制宜，选用当地的石料。例如三清殿的山墙，上部为灰砖，挑檐石下部全为毛石砌筑（图61），与周围的民居风格相似。山墙的侧面即建筑的正立面，做法比较精细，底部为整块角柱石，石头上面有雕刻的图案。在连檐与拔檐砖间嵌放一块雕刻花纹的戗檐砖，极富装饰性。三清观屋脊望兽艺术创作见图62。

图 61 三清殿与财神殿山墙

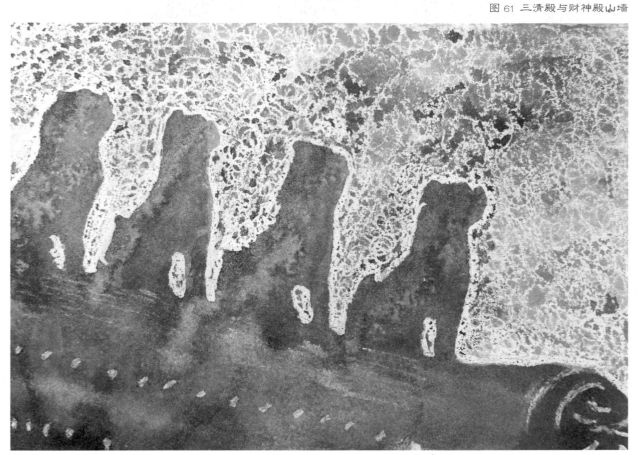

图 62 三清观屋脊望兽艺术创作

席纹和如意纹的门窗

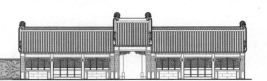

　　三清观中较有特色的外檐装修当数隔扇门（图63），其重点部位雕刻着席纹和如意纹等传统风格的图案（图64～图67）。生动而精致的图案雕刻，使得整个外檐装修显得虚实结合，优美生动，充满了东方建筑特有的美感。隔扇门上鲜艳的彩绘与外檐的装修风格协调统一，成为表现建筑风格和内涵的重要部位。

图 63　三清观三清殿隔扇门

图 64 三清观娘娘殿、玉皇殿窗测绘图

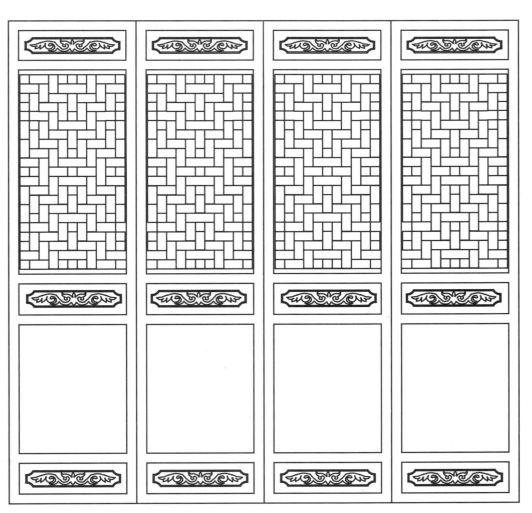

图 65 三清观娘娘殿、玉皇殿门测绘图

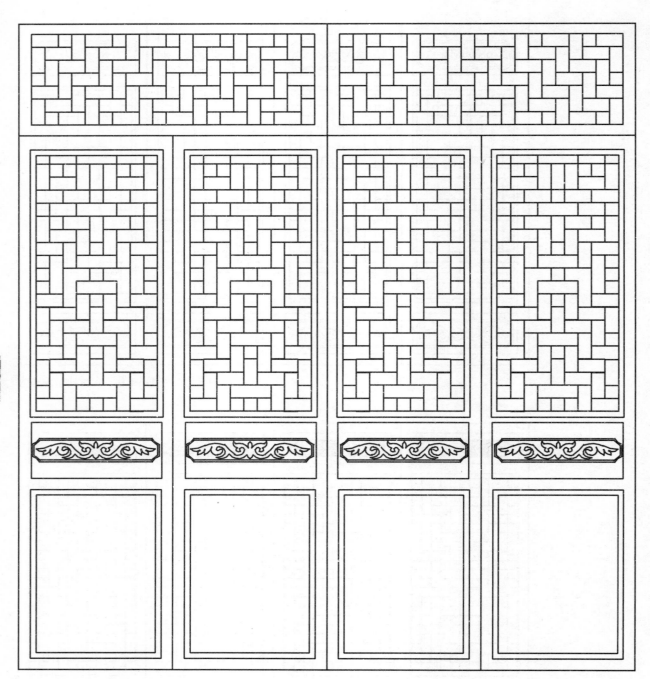

图 66　三清观客房门测绘图

图 67 三清观客房窗测绘图

　　还有一个比较有特色的地方是，观音殿的歇山式屋顶下的四个檐角处均有一个白色双头象装饰（图68）。白象在佛教中是吉祥与纯净的象征。象有大力，表示身能负荷；无有烦恼杂染，因而为白色。三清观碑亭局部特写见图69。

图 68 三清观观音殿檐角实景

图 69 三清观碑亭局部特写

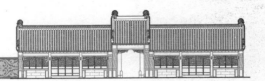

彩画、塑像、壁画、细部构件

三清观的彩画也颇有特色，画风古朴生动，笔调自然流畅，仙境凡尘，融为一体，具有浓郁的生活气息和艺术美感。

三清观彩画的色彩以蓝、绿、白等冷色为主，在配色上讲究蓝绿间隔相配，恰到好处地烘托出殿外红色的廊柱和殿内彩塑的神像。彩画大多作于殿外门窗之上，与建筑构件之间联系紧密。柱头两侧的雀替彩画以蓝、粉、白、金色为主，绘有龙、凤、麒麟等祥瑞图案。在瓦当檐下的椽头部位也使用了彩画进行装饰。上部的飞椽端部是蓝底的雀羽形彩画，下部的檐椽端部则是以金色"卍"字衬以绿底，为以灰色为主色调的建筑群体带来了丰富的色彩效果（图70）。

图 70　三清观药王殿外檐彩绘之一

三清观的彩画主要以民俗内容为主,可以照顾到前来造访的广大善男信女的文化层次。彩画的图案内容也比较丰富,既有山水、花鸟,也有人物、传说等。例如玉皇殿的殿门上方,就有两幅分别以"傲骨"和"梅意"为题的梅花彩画,色彩淡雅,主题鲜明。还有两幅分别以"爱莲"和"荷趣"为题的莲花彩画,与一幅描写鱼儿觅食的彩画相配,寓意"连年有余"。三清殿的殿门上方则是描绘传说中老子(太清道德天尊)骑青牛出函谷关的彩画。

此外,还有取自八仙传说和二十四孝图的彩画散见于各殿之外。建筑彩画本身是一项带有综合性的工艺美术。对山水风光的描绘固然可以令人陶醉其中,而那些渲染民间传说和神话故事的彩画(图71、图72),已经不单纯是绘画艺术的展现,更主要的是依托道观这方净土,将中华民族所最为珍视的传统美德继续发扬下去。

图 71 三清观观音殿外檐彩绘之二

图 72 三清观观音殿外檐彩绘之三

城子坦三清观内供奉包括佛、儒、道三教的神像共120多尊。这些塑像尺寸合理，线条流畅，造型细腻，生动传神，古香古色，丰润饱满的风格，能够引起参拜者感情上的共鸣。例如观音殿中的菩萨头戴宝冠，项饰璎珞，面容安详恬静，姿态优雅端庄。菩萨以智慧深邃的目光洞察着人间善恶，这眼神又微微向下俯视，目光恰好与礼佛者在仰视时形成交流（图73～图75）。

图73 三清观三清殿内檐神像之一

图74 三清观三清殿内檐神像之二

图75 三清观三清殿内檐神像之三

三清观中的壁画也别具一格，多以神话传说和历史故事为题材，画风典雅，技艺精湛。如"道义之门"内许多壁画取材于《封神榜》，财神殿内壁画内容则是"桃园三结义"和"三英战吕布"；药王殿的廊心墙的两端，则分别绘有"罚恶"和"奖善"两位判官（图76）。壁画中的人物形体丰满，神态逼真，衣带飘洒，呼之欲出，似乎继承了魏晋时期的壁画风格（图77～图80）。在表现手法上，绘画的线条细腻，笔法飘逸，与传统年画有着异曲同工之处。而在配色上，三清观的壁画整体偏于素雅，与道观的整体环境和风格相得益彰。

三清观焚烧炉的测绘、摄影与艺术创作见图81～图83。

图 76 三清观药王殿"罚恶"、"奖善"图

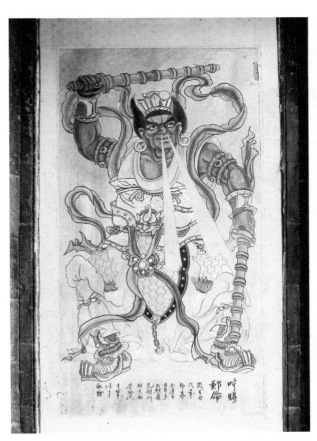

图 77 三清观三清殿哼将实景

图 78 三清观三清殿哈将实景

图 79 三清观壁画封神榜之一

图 80 三清观壁画封神榜之二

图 81 三清观焚烧炉测绘图

图 82 三清观焚烧炉实景

图 83 三清观祭坛瓦楞纸板艺术创作

院落一侧建有钟楼，为重檐四角石亭样式，通体花岗岩所制，古朴厚重。钟楼内挂有一口大钟，造型端正优美（图84、图85）。

钟楼旁有座碑亭，重檐六角亭样式（图86）；下部为花岗岩所制，梁枋以上皆为木构，其斗拱构件精致，飞檐起翘优美，已看不到彩绘的痕迹（图87）。此种花岗岩和木构结合的碑亭实例，在辽南地区并不多。

三清观不仅石作精美、工艺精湛（图88～图93），其屋脊走兽也生动地向人们展示着中国传统文化的魅力（图94）。

图84 三清观钟楼

图85 三清观钟楼内看向古钟

图 86 三清观碑亭

图 87 三清观碑亭斗拱细部

图 88 三清观三清殿石柱

图 89 三清观道义之门山墙石雕

图 90 三清观文昌殿木柱柱础

图 91 三清观娘娘殿石柱柱础

图 92 三清观石作之一

图 93 三清观石作之二

图 94　三清观屋檐走兽特写艺术创作

艺术价值

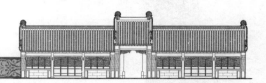

　　城子坦三清观不同于那些高踞于崇山峻岭中的雄关大殿，亦不同于那些隐身于幽林秀水边的洞天福地，它身居城镇闹市却并不显得突兀，丝毫没有与周围环境格格不入的感觉。可以说，城子坦三清观在其色彩、结构以及装饰等方面都很好地体现了一种"淡然无极而众美从之"的美学思想。在色彩上，它的外观以青灰色为主，整体给人以一种朴素而宁静的感觉。人站在观外，其心境也自然随之平和。而它内部的神像和壁画的色彩则相对丰富鲜艳却并不夸张，于肃穆庄严之中平添了几分活泼和大气；在结构上，屋顶多采用简洁的硬山式结构，房屋的构架为抬梁式大木作，整体结构坚实牢靠。起围合作用的砖石墙体则多采用当地的材料，空间处理也沿用了当地民居合院式的格局。城子坦三清观很好地融合了辽南民居与道观建筑的特点，使得这座建筑本身对于祖祖辈辈生活在当地的人们有着一种天然的亲近感；在装饰上，造型别致的屋脊走兽，小巧的钟楼，简洁的石刻等，无不体现着城子坦三清观"小而不缺""简而不陋"的建筑理念。三清观屋顶一角艺术创作见图95。

　　总的说来，在这个为道教信徒提供修炼和生活的空间场所，我们能够深切地感悟到深藏在这座道教建筑中的那种"夫唯不争，故天下莫能与之争"的意境，并且能够通过在审美过程中所体验到的建筑理念，进一步深入地领悟道教"返璞归真"的哲学思想。

　　对城子坦三清观的考察和测绘，加深了我们对于三清观这座建筑所依托的城镇——城子坦镇的了解。我们被弥漫在这座历史古镇中的那种古朴淡雅的文化气息所吸引，切实地领悟到了"一方水土影响一方建筑"这句话的真谛。

　　城子坦三清观作为一座大连地区为数不多、规模尚可的道教建筑，具有一定的保护和研究意义。通过对它的实地考察和测绘研究，我们深感保护和修缮这座古观的必要性和迫切性。衷心地期望通过对城子坦这座古镇和城子坦三清观简单的介绍，能够让更多的人了解和关心这方热土，能够为城子坦镇和三清观的发展尽一份绵薄之力，能够让历史古建的光芒继续照耀后世。作为位于非风景旅游区内的道观，三清观的经济来源主要是以香火收入为支柱，同时与传统的庙会结合也比较紧密。每逢庙会之期，周边的善男信女纷至沓来，三清观也可以借此良机多募集一些香资作为贴补之用。在观中道长的统筹管理下，一部分资金用以宫观的重建与修葺，一部分则改善和提高住观道士的生活水平。可以说，道观经济学的成功与否，直接关系到道观的兴衰和存亡。

展望未来，维系三清观这样的小型道观生存和发展的重点，一方面应在于进一步挖掘宗教文化、庙会文化、旅游文化之间互相影响相互依存的内在联系，靠文化兴经济，借文化求生存；另一方面应在于处理好盈利与服务、商业化与回报社会之间的关系，避免陷入过度商业开发带来的种种弊端，努力做到来之于民，还应用之于民，多行功德，回报社会。只有这样，才能在新的历史时期，实现在道观自养的基础上更上一层楼，为构建社会主义平安社会做出新贡献。

图 95 三清观屋顶一角艺术创作

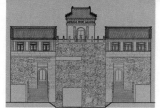

参考文献

[1]　大连百科全书编纂委员会．大连百科全书 [M]．北京：中国大百科全书出版社,1999.

[2]　李允鉌．华夏意匠 [M]．天津：天津大学出版社,2005.

[3]　赵广超．不只中国木建筑 [M]．北京：生活·读书·新知三联书店,2006.

[4]　大连通史编纂委员会．大连通史——古代卷 [M]．北京：人民出版社,2007.

[5]　陆元鼎．中国民居研究五十年 [J]．建筑学报,2007,(11).

[6]　中国民族建筑研究会．中国民族建筑研究 [M]．北京：中国建筑工业出版社,2008.

[7]　孙激扬,呆树．普兰店史话 [M]．大连：大连海事大学出版社,2008.

[8]　李振远．大连文化解读 [M]．大连：大连出版社,2009.

[9]　大连市文化广播影视局．大连文物要览 [M]．大连：大连出版社,2009.

历史照片

　　取自《大连老建筑——凝固的记忆》

CAD 测绘

　　大连理工大学建筑系 06 级队

　　大连理工大学建筑系 07 级队

　　大连理工大学建筑系 09 级队

　　大连理工大学建筑系 10 级队

　　大连理工大学建筑系 11 级队

　　大连理工大学建筑系 12 级队

　　大连理工大学建筑系 13 级队

影像资料采集

　　大连风云建筑设计有限公司
　　大连兰亭聚文化传媒有限公司

后 记

在大家的共同的努力下，在众多有识之士的帮助与支持下，这套介绍大连古建筑的丛书终于出版了，需要感谢的人太多了！

我们要感谢齐康院士对本丛书提出的宝贵意见，并为本丛书欣然命笔写了序。我们要感谢普兰店市文体局张福君局长，连续几年的调研、测绘工作是在张局长帮助与支持下完成的。我们要感谢大连理工大学建筑与艺术学院建筑系06～13级的同学们，每当夏天就是我们共同在测绘现场的日子。我们要感谢兰亭聚文化传媒有限公司的陈煜董事长及其团队，他们无冬历夏反复的、精益求精的拍摄让我们感受到了专业团队的敬业精神。正是有这么多人，他们怀着对古建筑和传统文化探索的热情，有的默默工作，有的奔走呼号。他们的言行鞭策着我们，他们的言行更是我们的动力。

在大连这座曾经的殖民地城市做中国古建筑调研工作的选题其实是要点勇气的。其次，对这样一批分布较散的建筑进行调研、测绘等工作，其工作量之大我们也是预先估计不足的，有一些工作现场先后去了不下五六次。再者，参与策划、调研、咨询、测绘和摄影摄像等工作的人员众多，工作周期很长，需要克服的如时间、经费及工作环境与条件等因素也较多。个中的艰辛和劳心劳力就不必细说了，任务完成之余大家感慨万千，商量许久，共同留下了一些感想：

通过参与这几年对大连的这批古建筑的调研工作，具体的感触是让我们觉得古建筑的保护仍然是个十分严峻的课题。这10余处古建筑大多为省保单位，只有一两处为市保单位，甚至还有一处为国保单位。它们无论从保护的制度到措施一应俱全，因此还算基本保存完好，但也存在一些问题。然而调研的有些古建筑也是保护单位，并且本身也具备一些历史价值，但从保护的角度看却显得不如人意，故无法将其收录。有些古建筑已经无法无破坏性修缮，有的古建筑的原状已经被歪曲篡改，其艺术价值和工艺价值都大大降低。有些古建筑单位在修缮中任意扩大规模，甚至过度开发旅游，加建太多破坏了环境。有些在修缮中夸大古建筑原有的等级，建筑装饰与彩绘失去规制，建筑风格南辕北辙。我们调研的大多数修缮过的古建筑，基本上不采用传统工艺。只有真正达到保存原来的传统工艺技术，还需要保存其形制、结构与材料，才能达到保存古建筑的原状。修缮文物古建筑的基本原则是要用原有的技术、原有的工艺、原有的材料，这也是搞好文物古建筑修缮的根本保证。《中国文物古迹保护准则》第二十二条也规定："按照保护要求使用保护技术。独特的传统工艺技术必须保留。所有的新材料和新工艺都必须经过前期试验和研究，证明是有效的，对文物古迹是无害的，才可以使用。"在传统工艺方面我们做得太不够了。

我们还体会到，决不能抛弃民族传统，割断历史，因为中国古建筑与传统城市的艺术、功能和形式是经过了几千年的历史发展逐步形成的。对我国独特的传统文化的追求和继承，不应仅仅停留在形式剪辑的层面上，而应追求内涵和精神方面更深层面的表现，将现代要求、现代方法与传统的文化形态很好地结合起来，做到灵活运用，并抓住中国传统城市与古建筑文化的本质内涵。

并且我们理应肩负起中国传统建筑文化的现代化使命，去面对当今建筑文化全球化趋势的挑战。这就要求我们认识中国传统建筑文化的本质内涵，从哲学的深度来研究传统文化的起源、变化和发展，要求我们对传统文化的精髓有比较深刻的理解，认真从传统城市与古建筑的演变过程中，探索出继承、创新及发展的新思路。

胡文荟

2015 年 4 月